Bibliografische Information der Deutschen Nationalbibliothek:

Die Deutsche Bibliothek verzeichnet diese Publikation in der Deutschen Nationalbibliografie; detaillierte bibliografische Daten sind im Internet über http://dnb.d-nb.de/ abrufbar.

Impressum:

Druck und Bindung: Books on Demand GmbH, Norderstedt Germany
ISBN: 978-3-668-09569-4

Dieses Buch bei GRIN:

http://www.grin.com/de/e-book/305307/infrarot-kameras-fuer-die-brandbekaempfung-fpga-gestuetzte-ansteuerung

Florian Prieler

Infrarot-Kameras für die Brandbekämpfung. FPGA gestützte Ansteuerung eines LWIR-Microbolometers

Konzept für die Neuentwicklung eines IR-Kamerasystems

GRIN Verlag

BACHELORARBEIT

FPGA gestützte Ansteuerung eines LWIR - Microbolometers

ausgeführt an der
Fachhochschule Kärnten
Studienbereich Bak. Elektronik

von

Florian Prieler

Villach, Juni 2009

Kurzfassung

Um in der Dunkelheit besser sehen zu können, gibt es technische Hilfsmittel. Die Fähigkeit, durch stark verrauchte Umgebungsluft zu blicken, haben jedoch nur Infrarot (IR) Kameras. Aus diesem Grund werden in der Brandbekämpfung IR Kamerasysteme eingesetzt. In dieser Bachelorarbeit wird ein Konzept für die Neuentwicklung eines, in der Brandbekämpfung einsetzbaren, IR Kamerasystems unter Nutzung eines FPGAs erstellt. In diesem Kontext werden verschiedene IR Sensoren auf physikalischer Ebene beschrieben. Im Weiteren wird auf das *Sensor to FPGA Interface* und die Besonderheiten der verwendeten Sensoren eingegangen. Um das bestmögliche Ergebnis hinsichtlich Bilddarstellung zu erzielen werden verschiedene Maßnamen zur Bildoptimierung eingesetzt. Dazu gehören sensorspezifische Maßnamen wie Kalibrierung sowie Maßnahmen zur Optimierung der Kontrastanhebung.

Suchbegriffe: FPGA, Bildsensoren, Bildverarbeitung, Langwellen Infrarot - Microbolometer

Summary

To use vision in darkness is possible because of diverse technical systems. In case of fumes, only infrared (IR) cameras are able to grant sight. Due to this fact, IR cameras are part of firefighting equipment.

Within this bachelor thesis a novel design concept of a firefighting applicable IR camera system, using FPGA, is described.

Different IR sensors are characterised on the physical level, followed by an explanation of the ‘sensor to FPGA interface’ as well as the special features of the sensors in use.

In order to achieve optimal image presentation different measures are taken, like sensor specific calibration and techniques to enhance contrast.

Key words: FPGA, Image Sensors, Imaging, Long Wave Infra-Red - Microbolometer

Zwei Dinge sind zu unserer Arbeit nötig: unermüdliche Ausdauer und die Bereitschaft, etwas, in das man viel Zeit und Arbeit gesteckt hat, wieder wegzuwerfen.

Albert Einstein (1879 - 1955)
deutscher Physiker und Nobelpreisträge

Inhaltsverzeichnis

1 Einführung

1.1 Einleitung

Viele Neuerungen im Bereich der Feuerwehr haben schrittweise begonnen. Ein großer Teil der Feuerwehr-Frauen und Männer kann sich an die Einführung von Atemschutzgeräten erinnern. Heute sind diese in der Brandbekämpfung nicht mehr wegzudenken.

Vor wenigen Jahren waren Wärmebildkameras bei Berufsfeuerwehren nur vereinzelt und bei Freiwilligen Feuerwehren kaum zu finden. Dies lag an den ungeeigneten Bauformen und der Empfindlichkeit gegen mechanische und thermische Beanspruchung sowie der komplizierten Bedienung. Heutige Wärmebildkameras sind diesen Anforderungen gewachsen und unterstützen die Feuerwehrkräfte bei ihrer Arbeit. So entwickelt und fertigt z.B. die Active Photonics AG Wärmebildkameras wie die active head-up Kamera. Durch Helmmontage ermöglicht Sie den freien Einsatz der vielseitigsten Werkzeuge.

Die Entwicklung einer derartigen Wärmebildkamera ist eine große Herausforderung. Ein Grundstein für eine verbesserte Wärmebildkamera wird in dieser Arbeit gelegt.

1.2 Motivation

Für Anwendungen in der Brandbekämpfung werden hauptsächlich LWIR Sensoren eingesetzt, da LWIR Strahlung Rauch problemlos durchdringt. Diese Technologie wird nicht nur zur Brandbekämpfung, sondern auch zur Thermografie, in militärischen Applikationen wie Nachtsichtgeräten oder wärmesuchgestützten Waffensystemen eingesetzt. Auf Grund der militärischen Nutzbarkeit ist der Erwerb derartiger Sensoren mit aufwändigen Lizenzierungsverfahren verbunden. Aus diesem Grund stand der benötigte LWIR Sensor zu Beginn des Projektes nicht zur Verfügung.

Um dennoch ein Kamerasystem aufzubauen wurden Rohdaten mittels eines pyroelektrischen IR Sensors generiert.

Auf Basis dieser Daten werden die folgenden Applikationen realisiert.

- Sensorinterface
- Bildoptimierung
- Dead Pixel[1] Korrektur
- Skalierung und Bildeinfärbung
- On Screen Display (OSD) und Display Interface

In dieser Bachelorarbeit werden das Sensorinterface und die Bildoptimierung behandelt. Ziel ist es das Sensorinterface für den zu verwendenden LWIR Sensor zu erstellen und den Kontrast der Bilddaten zu optimieren.

[1] Defektes Bildelement

1.3 Aufgabenstellung

Um die Zielsetzung der Erstellung eines IR Kamerasystems für den Einsatz in der Brandbekämpfung umzusetzen, ist eine Reihe von Teilschritten erforderlich.

Das System nutzt einen ULIS UL 384x288 LWIR Microbolometer. Da dieser Sensor jedoch nicht zur Verfügung steht, wird das Verhalten dieses Sensors auf Basis des KITE Sensormoduls emuliert. Dies erfordert die Erstellung eines VHDL basierten Emulators, der die wesentlichen Charakteristika des Sensors nachbildet. Abbildung 1 stellt zeigt einen groben Systemüberblick.

Weiters wird das *Kamera-frontend* unter Nutzung des KITE Moduls erstellt. Als Kamera-frontend wird das Objektiv, der bildgebenden Sensor und dessen Peripherie bezeichnet. Das KITE Modul ist ein auf einem pyroelektrischen Sensor basierendes Kameramodul.

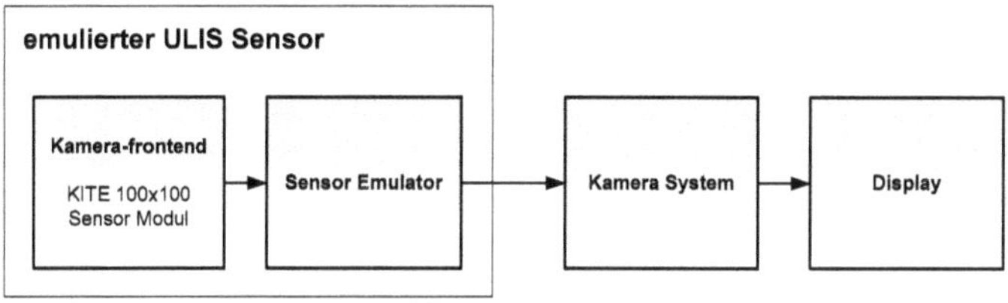

Abbildung 1: Systemüberblick

Der so emulierte ULIS-Sensor dient als Basis für alle weiteren Schritte.

Im weiteren wird das Interface für besagten ULIS Sensor erstellt sowie ein Verfahren zur Offsetkalibration erarbeitet. Der letzte Schritt besteht in der Optimierung der erhaltenen Bilddaten hinsichtlich Kontrast und der menschlichen Wahrnehmung.

Die gesamte Applikation wird auf einem Xilinx Evaluation Board unter Verwendung des Xilinx Spartan XC3S1000 umgesetzt.

1.4 Überblick

- Grundlagen zu Infrarot Sensoren

  Kapitel 2 beschreibt die beiden verwendeten Sensoren und deren physikalisches Prinzip.

- Systemkonzept

  Kapitel 3 veranschaulicht alle Systemkomponenten anhand eines Blockdiagramms.

- Sensoremulierung

  Kapitel 4 erläutert die Erstellung des KITE Frontends sowie die Erstellung des Emulators.

- ULIS Sensorauswertung

  Kapitel 0 behandelt das ULIS Sensorinterface sowie Maßnamen zur Bildaufbereitung und Kontrastschärfe.

- Erreichte Ziele

  Kapitel 6 diskutiert die Ergebnisse der Umsetzung.

2 Grundlagen zu Infrarot Sensoren

Um das Sensorinterface des ULIS LWIR Mikrobolometer bzw. des KITE Sensors zu entwickeln, ist es erforderlich, sich mit den physikalischen Eigenschaften der verwendeten IR Sensoren zu beschäftigen.

Herzstück jeder Kamera ist der bildgebende Sensor. Für diesen werden verschiedene Technologien, deren physikalische Charakteristik es erlaubt die auftreffende Wärmestrahlung mittels Widerstands-, Kapazitäts- od. Spannungs- Veränderungen zu detektieren, eingesetzt.

Die Referenzen zu den folgenden Kapiteln sind [1] - [7] nachzulesen.

2.1 IR Spektrum

Das Lichtspektrum des sichtbaren Lichts reicht von rot bei ca. 750nm bis zu violett bei ca. 380nm. Dies ist ein sehr kleiner Bereich des elektromagnetischen Wellenspektrums. Dieses erstreckt sich von den Längstwellen[2], deren Wellenlänge viele Kilometer beträgt, bis zur Gammastrahlung[3] deren Wellenlänge bis in die Größe von Atomen reichen. Direkt über dem Bereich des sichtbaren Lichts, in einem Wellenlängenbereich von 780nm bis 1mm, liegt der für das menschliche Auge unsichtbare Bereich der Infrarotstrahlung. Da jedes Objekt eine gewisse Wärmestrahlung aussendet, ist es möglich mit IR Sensoren diese Daten zu visualisieren.

Das IR-Spektrum wird grundlegend in 5 Bereiche unterteilt.

near IR	NIR	Wellenlänge: 760nm - 1,5µm
mid wavelength IR	MWIR	Wellenlänge: 1,5µm - 5,6µm
far infrared IR	FIR	Wellenlänge: 5,6µm - 1mm

Bei den im weiteren beschriebenen Sensoren handelt es sich um LWIR Sensoren.

2.2 Pyroelektrischer Detektor

Für die Emulierung des ULIS Sensors werden digitale Rohdaten benötigt. Hierfür wurde das bereits bei Active Photonics vorhandene KITE Modul, welches auf einem Pyroelektrischen Detektor basiert, eingesetzt. Das Funktionsprinzip derartiger FPA wird im weiteren erläutert.

Pyroelektrische Detektoren basieren auf der Grundlage des pyroelektrischen Effekts[4]. Die Detektoren bestehen aus ferroelektrischen Kristallen oder Keramiken mit unsymmetrischem Kristallaufbau. Aufgrund dieser Unsymmetrie besitzen solche Materialien eine permanente Polarisation. Bei Erwärmung dieser Materialien durch infrarote Strahlung verändern sich die Abstände im Kristallgitter und damit auch die Polarisation.

[2] Elektromagnetische Wellen im Frequenzbereich unter 30KHz $= 30 \bullet 10^3$ Hz

[3] Elektromagnetische Wellen im Frequenzbereich unter 30EHz $= 30 \bullet 10^{18}$ Hz

[4] Der Pyroelektrische Effekt ist die Eigenschaft piezoelektrischer Kristalle, auf eine zeitliche Temperaturänderung mit Ladungstrennung zu reagieren.

Es ist möglich durch arrayförmige Anordnung derartiger, auf dem pyroelektrischen Effekt basierender, Detektoren bildgebende Sensoren herzustellen.

Aufgrund des stäbchenartigen physikalischen Aufbaus derartiger Sensoren wird die Kapazität eines solchen Detektorelementes nicht nur vom pyroelektrischen Effekt des Dielektrikums, sondern auch vom Abstand der einzelnen Elemente zueinander beeinflusst, was derartige Sensoren besonders anfällig für mikrofonie[5] Effekte macht. Variierende Abstände der einzelnen Detektorelemente verursacht durch Vibrationen können Messungen verfälschen.

Eine weitere Besonderheit bei derartigen Sensoren ist der Einsatz von Shutter Wheels. Ein Shutter Wheel arbeitet nach demselben Prinzip wie eine optische Blende bei einer gewöhnlichen Kamera. Die nach dem Beispiel der archimedischen Spirale geformte Scheibe deckt den Sensor jedes zweiten Bild ab. Dies halbiert die Bildfrequenz, gibt so jedoch den einzelnen Elementen die Möglichkeit auszukühlen, wodurch verhindert wird, dass diese zu heiß oder gesättigt werden. Weiters wird auch in der abgedeckten Sensorphase ein Bild aufgenommen. Dieses dient anschließend als Referenz für die Durchführung eine Offsetkalibrierung.

2.2.1 KITE Sensor Modul

Das KITE Modul [8] ist ein, auf dem pyroelektrischen Detektorprinzip basierendes Sensormodul mit einer Auflösung von 100x100 Pixel. Neben seiner technischen Charakteristika wurde es aufgrund seiner raschen Verfügbarkeit als Rohdatenquelle und somit als Basis für den Sensoremulator herangezogen.

Das KITE Modul besitzt ein 100x100 FPA. Ein Altera Baustein generiert alle für den Betrieb erforderlichen sensorspezifischen Timingsignale wie Pixel CLK, Line- und Frame-Sync. Diese werden am Stecker gemeinsam mit den parallel ausgeführten 14 Bit Rohdaten bereitgestellt. Die Bohrung knapp unterhalb des Sensors ermöglicht die Durchführung der, für das Shutter Wheel erforderlichen Motorwelle. Das Shutter Wheel dient als mechanische Blende und wird auf Grund der Einkerbungen am Rand, durch den, im Bild links auf Höhe der Bohrung befindlichen Inkrementalgeber, mit der Abtastfrequenz des Sensors synchronisiert. Auf der Rückseite des Moduls ist der Anschluss für den verwendeten DC Motor vorgesehen.

2.3 Mikrobolometer

Das Prinzip eines Mikrobolometers beruht auf der Widerstandsänderung eines elektrischen Leiters ausgelöst durch eine Temperaturänderung. Abbildung 2 zeigt den prinzipiellen Aufbau eines Mikrobolometers am Beispiel des ULIS Sensors. Hierbei werden zwei dieser temperaturempfindlichen Mikrobolometer - Elemente in Serie geschaltet. Die aktiven Elemente sind arrayförmig angeordnet, direkt der infraroten Wärmestrahlung ausgesetzt. Das so genante *Blind Mikrobolometer* wird der Wärmestrahlung nicht ausgesetzt. Dieses Element dient als Referenzelement weil es dieselben elektrischen Eigenschaften wie das aktive Element aufweist. Dadurch wird gewährleistet, dass die Messbrücke bei Temperaturdrift des Sensors ausgeglichen bleibt.

[5] Mikrofonie ist die Eigenschaft elektronischer Bauteile, auf Vibrationen (z.B. durch Schall) mit der Änderung ihrer elektrischen Parameter zu reagieren.

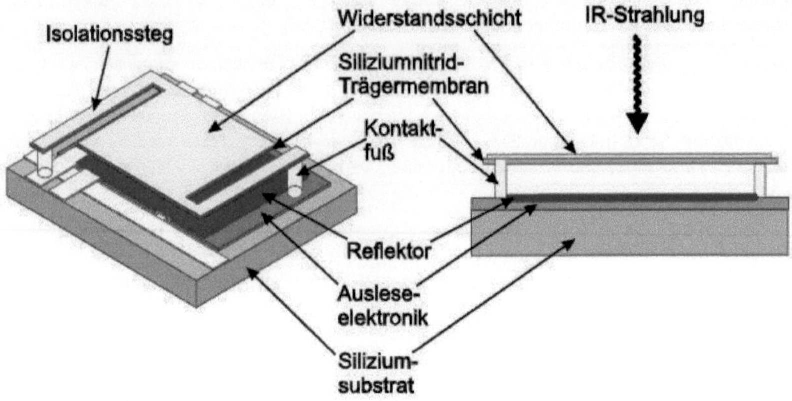

Abbildung 2: Schematische Darstellung eines Mikrobolometer-Arrays [13]

Die *Blind Bolometer* werden zeilenweise über eine *Skimming-* Stufe zu den *Active Bolometer* gemultiplext. Hierbei wird eine Strom- Spannungs- Wandlung sowie eine Integration über die Zeit durchgeführt. Durch das Anpassen der Integrationszeit können anwendungsspezifische Belichtungszeiten je Zeile realisiert werden.

Auch Mikrobolometer basierende Sensoren benötigen einen Shuttermechanismus um Sättigungs- oder Überhitzungs- Effekte zu verhindern. Hierbei wird dies jedoch nicht durch ein Shutter Wheel unter Einsatz einer archimedischen Spirale, sondern durch die Verwendung einer gewöhnlichen Blende erzielt. Diese deckt den Sensor für eine bestimmte Zeit ab und ermöglicht auf Grund ihrer definierten Oberflächentemperatur, ähnlich wie beim Shutter Wheel, eine Offsetkalibrierung während des Betriebes. Dies hat jedoch auch zur Folge, dass für einen bestimmten Zeitraum kein Bild aufgenommen werden kann.

2.3.1 ULIS Sensor

Technische Daten

Der ULIS UL 03162 ist ein LWIR Microbolometer auf Silizium Basis bei einem Pixel pitch[6] von 25µm und einer Auflösung von 384x288.

Eckdaten

Maximale Bildwiederholungsrate:	60Hz
Responsitivity [7]:	6mV/K
NETD[8]	< 120 mK

[6] Pitch bezeichnet den Mitte-Mitte-Abstand zweier Pixel

[7] Responsitivity ist die Empfindlichkeit pro °K

[8] NETD steht für "Noise Equivalent Temperature Difference" (rauschäquivalente Temperaturdifferenz) und ist ein Maß für das Signal zu Rausch Verhältnis.

Funktionsweise

Die *Skimming* Stufe multiplext die Blind Bolometer zeilenweise zu den Active Bolometern. Nach einer bestimmten Integrationszeit wird der Spannungswert am Ausgang der *Current-Voltage Conversion & Integration* Stufe an die nachgeschaltete *Sampling* Stufe weitergegeben. Durch den darauf folgenden Multiplexer gelangen die Daten seriell an den Analog-Digital Konverter. Dieser stellt den so erhaltenen 12 Bit Datenvektor als zweimal 6 Bit am Ausgang bereit. Ausgabe und Integration erfolgen alternierend, wird Zeile ***n*** ausgegeben wird zeitgleich Zeile ***n-1*** integriert.

Sensorschnittstellen

Der ULIS Sensor besitzt drei grundlegende Schnittstellen:

- Rohdatenausgabe
- Serielle Konfigurations- Interface
- Steuereingänge MC[9], RESET und INT[10]

Rohdatenausgabe

Über das 6 Bit breite Dateninterface des Sensors erfolgt die Ausgabe der Rohdaten. Jeder Pixelwert besteht aus einem 12 Bit Vektor welcher in zweimal 6 Bit Datenpaketen, unter Nutzung von steigender und fallender MC Flanke ausgegeben wird. Dadurch erfolgt die Datenausgabe mit der Doppelten MC Frequenz. Zwischen den ausgelesenen Pixelzeilen wird die Sensortemperatur übertragen. Diese ermöglicht bei einer späteren Auswertung die Berücksichtigung von thermischen Effekten.

Serielles Konfigurationsinterface

Das serielle Konfigurationsinterface dient zur Kommunikation mit dem Sensor. Durch die serielle Übertragung eines 53 Bit langen Datenvektors können die untenstehenden Konfigurationseinstellungen direkt am Sensor vorgenommen werden.

- Sensorgain
  Dadurch kann direkt auf den in Abbildung 2 dargestellten als Strom- Spannungs-Wandler beschalteten Integrator Einfluss genommen werden. Zur Einstellung des Gains stehen 2 Bit zur Verfügung, was die Einstellung von vier verschiedenen Verstärkungsstufen ermöglicht.
- Horizontale oder vertikale Bild-Spiegelung
- Aktivieren der Blind Bolometer Auslesefunktion
  Durch das Aktivieren dieser Funktion ist es möglich den Stromfluss durch die in Kapitel 2.3 beschriebenen Blind Bolometer in der Skimmingstufe zu messen und über die Rohdatenausgabe auszugeben. Da Active- und Blind- Bolometer gleichermaßen von Temperatureinflüssen betroffen sind, ermöglicht diese Funktion die Kompensation von thermischen Einflüssen.

[9] MC Master Clock (Pixel Clock)

[10] INT Integrationsphase, entspricht dem Auswertungszeitraum einer Bildzeile (384 Pixel)

- Festlegen der Blind Bolometer Integrationszeit
  Ist vergleichbar mit der Integrationszeit der Active Bolometer und gibt die Messdauer an.
- Festlegen des auszugebenden Bildausschnittes (digitaler Zoom)

Steuereingänge

Mit den Steuereingängen wird das grundlegende Sensortiming und somit die Bildwiderholrate festgelegt. Der MC dient als genereller Pixel Clock und ist bestimmend für die Übertragungsgeschwindigkeit des Sensors. Mit einem RESET kann der Beginn eines neuen Bildes erzwungen werden. Der wichtigste Steuereingang ist der INT. Wie im untenstehenden Timingdiagramm ersichtlich, wird damit die Messdauer, also die Dauer für die, die Skimming Stufe, an die Activen Bolometer einer Zeile gemultiplext wird, festgelegt. Bei dynamischer Regelung kann durch Verkürzung der INT vermieden werden, dass die Active Bolometer bei zu starker Bestrahlung in den Sättigungsbereich kommen bzw. bei sehr geringer Wärmestrahlung kann durch eine gezielte Verlängerung der INT die Sensitivität verbessert werden.

3 Systemkonzept

Key feature des in Abbildung 3 dargestellten Konzeptentwurfes ist, dass es sich hierbei um eine *Single Chip Lösung* auf einem FPGA handelt. Es werden neben dem Konfigurationsspeicher des FPGAs keinerlei externe RAM Module verwendet. Dies erhöht jedoch gleichzeitig den Aufwand für Systementwurf und Konzeptionierung, da alle Algorithmen in Echtzeit auf die erhaltenen Messdaten angewendet werden müssen.

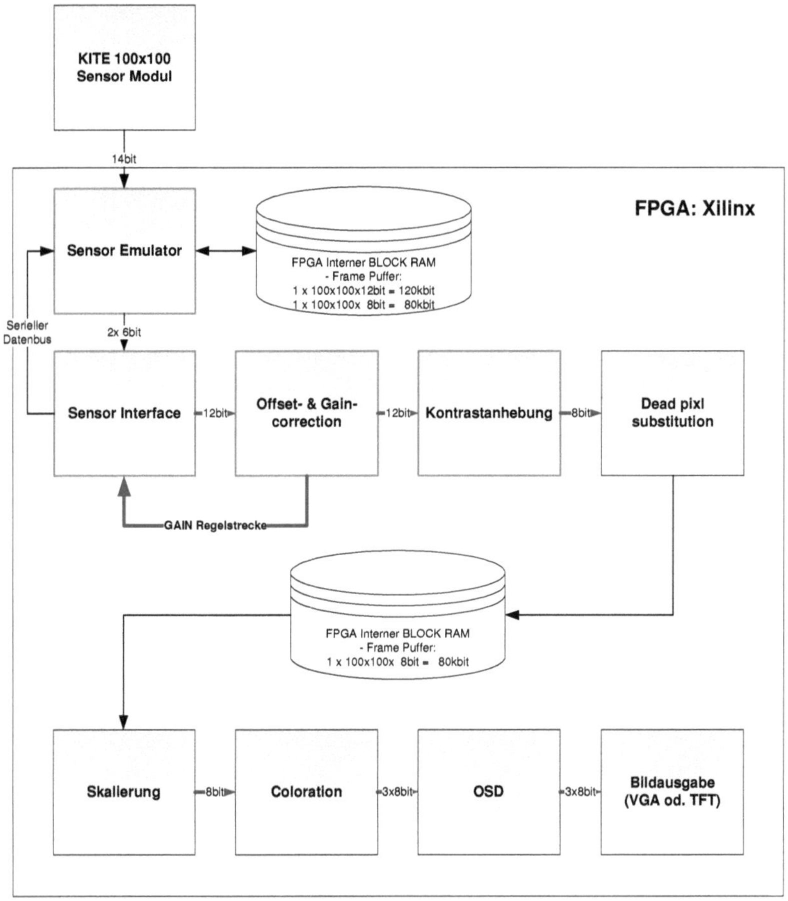

Abbildung 3: System Entwurf

Wie aus dem Blockschaltbild ersichtlich, wird das in Kapitel 2.2.1 beschriebene KITE Modul als Datenquelle genutzt. Wie in der obigen Abbildung ersichtlich besteht das System aus folgenden Teilen.

Sensoremulator
Die Daten dies KITE Moduls werden im Sensoremulator entsprechend aufbereitet, um den ULIS LWIR Sensor bestmöglich zu nachzubilden.

Sensorinterface
Regelt die Kommunikation zwischen FPGA und der proprietären FPA Schnittstelle.

Offset-&Gain-Korrektur
Da nicht alle Sensoren einen linearen Messbereich aufweisen, werden durch eine vor der

Geräteauslieferung durchgeführte Kalibrierung die Offsetwerte für verschiedene Sensor- und Target[11]- Temperaturen ermittelt.

Dead-Pixel-Korrektur
Jedes FPA beinhaltet eine bestimmte Anzahl defekter Pixel. Als defekt werden Pixel dann bezeichnet, wenn diese mechanisch defekt sind oder ihre Offsetwerte bzw. Empfindlichkeit außerhalb des tolerierbaren Bereiches liegt. Um diese fehlerhafte Bildinformation auszugleichen wird mittels verschiedener Verfahren anhand der benachbarten Pixel der wahrscheinlichste Wert errechnet und anstatt des defekten Pixels angezeigt.

Bild-Skalierung
Da FPA in den seltensten Fällen Standardformate aufweisen, ist eine Skalierung des anzuzeigenden Bildes auf das jeweilige Bildformat des Monitors bzw. Displays erforderlich.

Bildeinfärbung
Die vom FPA gelieferten Daten werden meist in ein 8 Bit Graustufenbild gewandelt. Um Temperaturunterschiede für das menschliche Auge besser zu visualisieren, ist es möglich den einzelnen Temperaturen bzw. Graustufenwerten entsprechende Farben zuzuordnen.

OSD-Modul
Alle zusätzlichen Informationen sowie die Menüsteuerung wird dem Nutzer meist direkt in das aktuelle Bild eingeblendet.

Bildausgabeeinheit
Zum Schluss ist es erforderlich das aufbereitete Bild in ein, der jeweiligen Applikation entsprechend darstellbares Signal wie z.B. das VGA Signal zu konvertieren.

Im Weiteren werden die in Abbildung 3 rot dargestellten Blöcke beschrieben.

- Sensoremulator
- Sensorinterface
- Offset- und Gain- Korrektur
- Kontrastanhebung

4 Sensoremulierung

4.1 Aufbau des Frontends

Um die erforderlichen Daten aus dem KITE Modul auslesen zu können sind einige Vorarbeiten durchzuführen.

Mechanik: Fertigung einer mechanischen Aufnahme für das KITE Modul, den Shutter, dessen Stromversorgung und einem Objektiv.

Stromversorgung: Fertigen eines Prints welcher auch als Schnittstelle zwischen FPGA und KITE Sensor dient.

[11] Als Target werden für Reverenzmessungen genutzte Objekte mit genau bekannter Oberflächentemperatur bezeichnet.

4.1.1 Mechanik

Als Kameraaufnahme wurde ein Aluminium Profil verwendet. Eine variabel positionierbare Kunststoffplatte dient als Aufnahme für das Objektiv, hinter dem unmittelbar das KITE Modul platziert ist. Zwischen Objektiv und Sensor rotiert das Shutter Wheel, dessen DC Motor auf einer dahinter liegenden Epoxithartzplatte montiert ist. Auf Grund der Mikrofonieanfälligkeit des Sensors wurde der DC Motor an vom Sensor getrennten Aufnahmepunkten befestigt. Dadurch wurde vermieden, mögliche Vibrationen des Shutters auf den Sensor zu übertragen. Das verwendete Objektiv wurde mit einer Klemmschraube so befestigt, dass eine nachträgliche Justierung der Brennweite jederzeit möglich ist.

Alle in unmittelbare Nähe zum Sensor montierten Teile, inklusive Shutter Wheel wurden mit matter, schwarzer Farbe lackiert um eventuelle Reflexionen zu vermeiden.

4.1.2 Subprint

Für den Betrieb benötigt das KITE Modul eine Reihe von Spannungen, die mittels eines kleinen Subprints bereitgestellt werden. Da an dem Stromversorgungsstecker des KITE Moduls auch die 14 Bit Sensorrohdaten ausgeführt sind, wurde der Datenabgriff zum FPGA ebenfalls auf diesem Subprint realisiert.

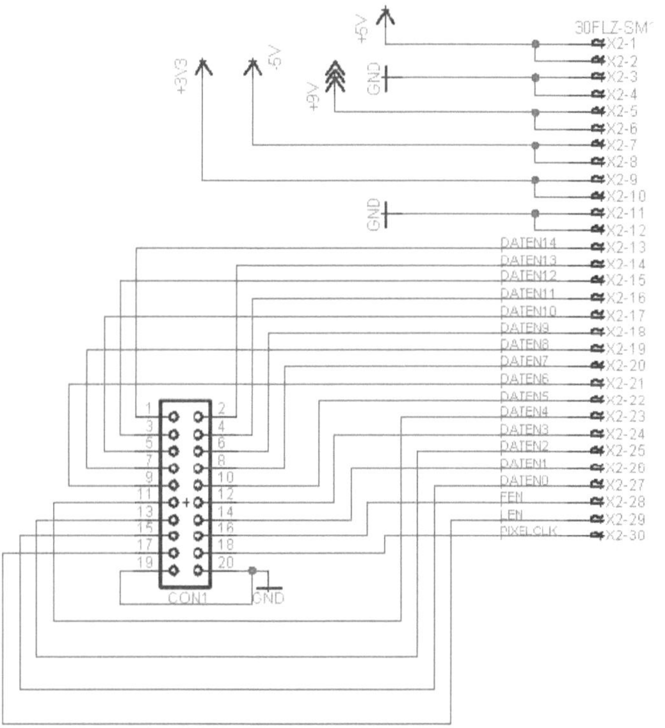

Abbildung 4: KITE Stromversorgung

Um eventuelle HF Anteile bei der Versorgungsspannung zu vermeiden wurden Linearregler eingesetzt. Da diese die entstehende Verlustleistung in Wärme umsetzen, war es erforderlich den Subprint mit entsprechendem Abstand zum Sensor bzw. dem Shutter zu montieren. Einerseits könnte bei einem zu geringen Abstand der Sensor direkt beeinflusst werden, andererseits wird dadurch der Shutter erwärmt. Da dieser jedoch als Temperaturreferenz für jedes Bild herangezogen wird, kann dies zu gravierenden Messfehlern führen.

Auch der DC Motor beeinflusst den Sensor, jedoch nicht durch mangelnde Entstörungsmaßnahmen seitens Versorgung, sondern durch das entstehende magnetische Feld. Aus diesem Grund wurde auch der Motor in einem entsprechenden Abstand zum Sensor montiert.

All die angesprochenen Effekte lassen sich nicht vollständig verhindern, jedoch ist es möglich durch entsprechende Maßnahmen, deren Einfluss gering zu halten. Die Sensitivität des Sensors ist nicht zuletzt auf dessen technologisches Alter zurückzuführen. Aktuelle Mikrobolometer sind, was deren Störanfälligkeit betrifft, wesentlich robuster.

4.1.3 FPGA Testboard

Ein an der FH Kärnten entwickeltes Xilinx Testboard wurde für die Startup Phase genutzt. Dieses verfügt über einen Spartan 3 mit folgenden Charakteristika.

- 423 KBit Block RAM
- 120 KBit Distributed RAM
- 1.920 Total CLBs
- 391 User I/Os

Dieses Board wurde für regelungstechnische Applikationen des DC Motors entwickelt. Aus diesem Grund und verfügt nicht über ausreichend Speicher um die gesamte Applikation darauf zu realisieren. Da es jedoch über eine Vielzahl an frei verfügbaren IOs verfügt, ermöglicht es eine flexible Nutzung und somit den Aufbau eines Prototyps.

4.1.4 Prototyp

Da auf dem Testbord keinerlei Videoschnittstellen implementiert sind, wurde ein zusätzlicher Subprint als VGA-Interface erstellt. Somit konnten die von der Kamera erhaltenen Daten eingelesen, aufbereitet und schließlich nach der Wandlung auf ein analoges VGA Signal an einem Standardmonitor visualisiert werden.

4.2 KITE Sensordaten Aufbereitung

Die untenstehende Abbildung 5 zeigt das Blockschaltbild des ULIS Sensor Emulators. Der Emulator hat die Aufgabe die Daten aus dem KITE Modul auszulesen und ausgangsseitig im Format des ULIS Sensors bereitzustellen.

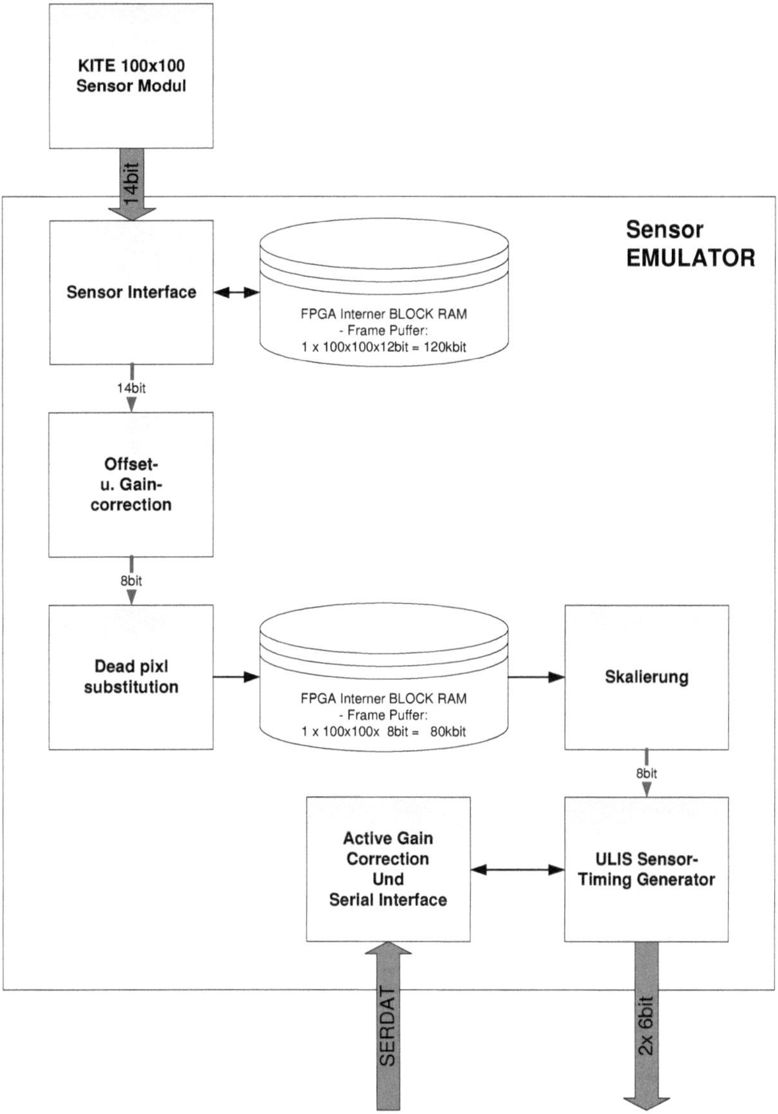

Abbildung 5: Sensoremulator

Alle im Emulator befindlichen, dem RAM Block vorgeschalteten Module sind als eigenes IR Kamerasystem aufzufassen und beinhalten die meisten in einem Kamerasystem benötigten Funktionsblöcke.

Um dieses System zu realisieren wird auf die 14 Bit Rohdaten des KITE Moduls eine Offset- und Dead Pixel- Korrektur angewandt. Das so erhaltene 100x100 Pixel Bild wird anschließend mit einer Farbtiefe von 8 Bit in einem FPGA internen BLOCK RAM abgelegt.

Die im Bockschaltbild nach dem RAM Block angeordneten Module dienen zur ULIS Sensor Emulation. Zu diesem Zweck wird das Bild auf 384x288 Pixel skaliert und mit dem ULIS Sensor spezifischen Timing im Format 2x 6 Bit parallel am Ausgang des Sensors bereitgestellt. Des weiteren wurde eine dem Sensor nachempfundene serielle Schnittstelle realisiert, welche es ermöglicht Konfigurationseinstellungen am Sensor durchzuführen sowie die Verstärkung direkt am Sensor einzustellen.

4.2.1 Sensorschnittstelle

Die Sensorschnittstelle ist ein in sich geschlossenes VHDL Modul und liest die Rohdaten mit dem entsprechenden Sensortiming ein.

Das KITE Modul generiert alle erforderlichen Signale wie FRAME- und LINE-Synchronisationsimpulse selbst. Der Pixel Clock des Moduls wurde mit dem Oszilloskop ermittelt und beträgt 1.2288MHz. Das Signaltiming der FEN (Frame ENable) und LEN (Line ENable) Signale konnte größtenteils aus dem Sensordatenblatt ermittelt und mittels Oszilloskop verifiziert werden. Dadurch ergibt sich eine sensorseitige Bildrate von 100Hz.

Das Diagramm zeigt 2 Frames des Sensors, gut ersichtlich sind die in der Testbench mit *sensor_len* gekennzeichneten Blöcke die jeweils die LEN Impulse eines Sub Frames darstellen. Das mit k*ite_raw_data* bezeichnete Signal zeigt die ausgegebenen Frames.

4.2.1.1 Bildsubtraktion

Es wurde sichtbar, dass der Offset der zu subtrahierenden Bilder ca. um den Faktor 30 größer ist als die Bildinformation nach der Offsetsubtraktion *(Frame Subtraktion).* Die dazugehörigen Abbildungen mussten hier leider entfallen.

4.2.2 Offset- und Gain- Korrektur

4.2.2.1 Offsetkorrektur

Bei der Offsetkorrektur wird ein Bild von einem Referenzobjekt (Target), dessen Temperatur genau bekannt ist, erstellt. Die Abweichung des Sensors von dieser Referenz wird als Offsetwert gespeichert und dient zur Korrektur der Bildinformation. Auf diese Weise ist sichergestellt, dass sich die Bildinformation aller Pixel auf dieselbe Referenz bezieht. Da das KITE Modul jedoch nur zur Emulierung des ULIS Sensors eingesetzt wird, wurde verzichtet das System auf diese Weise zu kalibrieren.

Für derartige Sensoren ist eine kontinuierliche Kalibrierung erforderlich. Weshalb das Shutter Weel als Referenz dient. Die Temperatur des Shutter Weels ist zwar nicht exakt bekannt und nicht über die gesamte Oberfläche des Sensors homogen, dennoch lässt sich dadurch das Messergebnis entscheidend verbessern.

In einer Periode von 20ms werden kontinuierlich zwei Bilder ausgelesen. Das Erste enthält die Bildinformation und wurde bei offenem Shutter Wheel erstellt. Das Zweite dient als Referenz und wurde bei geschlossenem Shutter Wheel aufgenommen. Hierbei wird immer das zweite Bild vom ersten subtrahiert, wodurch sich eine effektive Bildrate von 25 Hz ergibt.

Aufgrund des bereits in Kapitel 4.1.2 angesprochenen Problems, der Erwärmung des Shutter Wheels durch die Stromversorgung und der Umgebung mangels thermischer Schirmung am Prototypenaufbau, kam es zu einem sonderbaren Verhalten des Shutter Wheels.

In diesem Fall lag der numerische Messwert bei einem Objekt mit Körpertemperatur unterhalb der Shutter- Referenz. Dadurch kam es bei der Subtraktion zu Überläufen und somit zu falschen Messergebnissen.

Um dies zu verhindern, wurde der Offset, um den die Bildinformation des Schutters abgesenkt werden muss, anhand einiger empirischer Versuche ermittelt. Dieser Wert wurde so gewählt, dass sich Oberflächen bei Zimmertemperatur noch detektieren lassen ohne dabei allzu weit im stark verrauschten Messbereich des Sensors zu arbeiten.

4.2.2.2 Gainkorrektur

Da eine Gainkorrektur nicht zwingend erforderlich ist, und eine solche Korrektur im Systemblock *Data Conditioning* unmittelbar vor der *Dead Pixel Korrektur* außerhalb des Emulatorblocks ohnehin vorgenommen wird, wurde im Emulator darauf verzichtet.

Details zur Gain Korrektur werden im Kapitel 5.2.3 behandelt.

Allerdings war es aufgrund des begrenzten Speichers erforderlich, die Farbtiefe, wie im Bockschaltbild ersichtlich, nach der Offset- Korrektur von 14 Bit auf 8 Bit zu reduzieren. Die Bits 0 und 1 wurden abgeschnitten, was einer Division durch vier gleich kommt. Dies beeinflusst das Ergebnis allerdings nicht, da dort praktisch nur noch das Rauschen des Sensors messbar ist. Dieses Rauschen ließe sich durch eine pixelweise Mittelwertbildung über zwei Bilder noch etwas dämpfen, da dazu jedoch das Speichern von zwei Bildern in voller 14 Bit Informationstiefe erforderlich ist, und dafür 140kbit zusätzlicher Speicher erforderlich wäre, wurde von einer Bildoptimierung und Rauschunterdrückung bezogen auf den KITE Sensor abgesehen. Weiters sind derartige Maßnahmen beim ULIS Sensor nicht erforderlich.

Die gelb dargestellten oberen 4 Bit wurden ebenfalls abgeschnitten. Damit wird der Informationsgehalt des Datenvektors auf 1/16 des ursprünglichen Datenvektors begrenzt. Da sich in diesem Bereich jedoch nur Temperaturen größer 300°C darstellen lassen und eine sichere Detektion von Objekten mit Körpertemperatur nur in dem grün gekennzeichneten Bereich möglich ist, wurde von einer Auswertung dieses Hochtemperaturbereiches abgesehen.

Das Herausgreifen von 8 Bit aus einem Datenvektor erfordert Überläufe zu verhindern. Um dies umzusetzen wurden alle Werte größer 255 auf den maximal mit einem 8 Bit Datenvektor darstellbaren Wert von 255 gesetzt.

4.2.3 Dead Pixel Korrektur und Bild Skalierung

Auf die Bereiche Dead Pixel Korrektur und Skalierung wird in dieser Arbeit nicht näher eingegangen. Die Korrektur der defekten Pixel im Emulator ist erforderlich da das Bild im nächsten Schritt von 100x100 Pixel auf die ULIS Sensorauflösung von 284x288 Pixel aufskaliert wird. Durch diese Aufskalierung würden aus allen Einzelpixel-Fehlern Cluster-Fehler[12]. Da es für das Testen der Dead Pixel Korrektur jedoch erforderlich ist

[12] Cluster Fehler sind fehlerhafte Pixel die direkt nebeneinander liegen und eine rechteckige od. quadratische Form aufweisen.

Einzelpixel-, Cluster-, Spalten- und Zeilen- Fehler zu simulieren, würden sich die durch die Skalierung ergebenden Fehler störend auswirken.

4.3 Emulierung des ULIS Sensors

In Kapitel 4.2 wurden die KITE-spezifischen Systemblöcke des Emulators erläutert. In diesem Kapitel liegt nun das Hauptaugenmerk auf dem ULLIS Sensor [7].

Der Emulator simuliert nun das grundlegende Verhalten des Sensors und gibt die aufskalierten Daten des KITE Sensors mit dem beschriebenen Timing aus. Um den Zeitaufwand für die Realisierung so gering als möglich zu halten wurden nur die absolut notwendigsten Funktionen realisiert.

Dazu gehören die in Kapitel 2.3.1 beschriebenen Schnittstellen. So wie die Möglichkeit über das serielle Konfigurationsinterface die Gain Einstellungen vornehmen zu können. Dies ist für die Realisierung des Gain-Regelkreises erforderlich.

4.3.1 Nachbildung des Sensor Timings

18,5 MC Zyklen nach der fallenden Flanke des INT Signals erfolgt die Rohdatenausgabe. Die Skalierung ist dem Sensoremulator direkt vorgeschaltet. Somit fordert der Emulator, nachdem er eine fallende Flanke des INT Signals detektiert hat, mithilfe eines ENABLE-Signals die Daten zeilenweise vom Skalierungsmodul an. Das Setzen des ENABLE Signals erfolgt zwei MC Zyklen vor dem Erhalt des ersten Datenvektors. Dies ist erforderlich da das ENABLE Signal nach dem prozessinternen Setzen, erst mit der nächsten steigenden MC Flanke vom Skalierungsmodul detektiert wird. Beim Anlegen der Daten vom Skalierungsmodul, können diese erst mit der nächsten steigenden Flanke des Emulators übernommen werden. Somit resultiert aus der Kommunikation der beiden Module ein Zeitversatz von zwei MC Zyklen. Zur untenstehenden Abbildung ist anzumerken, dass in dieser Simulation alle Signaländerungen erst mit der nachfolgenden steigenden Flanke übernommen und dargestellt werden. Darum kann der Anschein entstehen, dass zwischen Anlegen des ENABEL Signals und Erhalt der Daten nur eine Periode des MC liegt.

Die Daten des KITE Sensors werden mit einer Farbtiefe von 8 Bit gespeichert. Da der Ausgangsvektor des ULIS Sensors jedoch 12 Bit umfasst, wird jeder Pixelwert im Emulator um vier Bits mit dem Wert 0 ergänzt.

Die Ausgabe der Daten erfolgt mit steigender und fallender Flanke des MC. Um die Implementierung der Datenausgabe in VHDL zu erleichtern, wurden jedoch nicht zwei Prozesse, auf steigende bzw. fallende Flanke getriggert, sondern mittels PLL[13] ein zusätzlicher Takt mit der doppelten Frequenz des MC generiert. Dies erfordert zwar einen zusätzlichen Takt, erleichtert jedoch die Realisierung und macht den VHLD Code lesbarer. Der vom Skalierungsmodul kommende 8 Bit Eingangsdatenvektor wird vom Emulator in zwei 6 Bit Datenvektoren aufgeteilt und vom Sensorinterface als 12 Bit Datenvektor ausgegeben wird.

[13] PLL steht für Phase-locked loop (Phasenregelkreis) und beschreibt einen einstellbaren Oszillator

4.3.2 Nachbildung des seriellen Konfigurationsinterface zur GAIN Regelung

Wird ein gültiger Datenvektor vom Emulator empfangen, wird der entsprechende Gain Faktor mit Beginn der nächsten Bildausgabe mit den Rohdaten multipliziert. Die Gain Stufen sind in der in Tabelle 1 dargestellten Tabelle ersichtlich.

Tabelle 1: GAIN Werte

GAIN	Codierung
1	11
1,3	10
2	01
4	00

5 ULIS Sensorauswertung

5.1 ULIS Sensor Interface

Das Interface generiert die vom Sensor benötigten Steuersignale. Der MC wurde mit einem Impuls Pausenverhältnis von 1:1 und einer Frequenz von 10 MHz realisiert. Weiters wird der Sensor zum Einschaltzeitpunkt mit dem RESET Signal in einen definierten Zustand versetzt. Die Integrationszeit muss zwischen 15 MC und 384 MC Zyklen liegen. Laut Datenblatt liegt der Standardwert für die Integrationszeit bei 95% des Maximalwerts von 384 MC bei einer MC Frequenz von 10 MHz entspricht dies 36.6µs. Das Logikdiagramm in Abbildung 6 zeigt die jeder Zeile vorausgehende Integrationsphase sowie den Versatz zwischen fallender INT Flanke und Datenausgabe des Sensors.

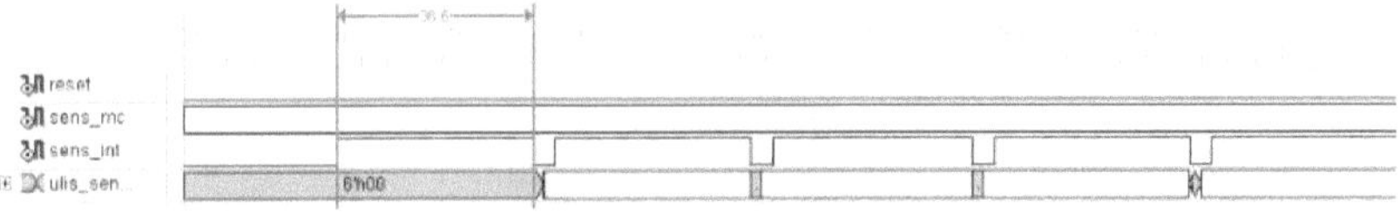

Abbildung 6: Logikdiagramm

Die Ausgabe eines Bildes benötigt 116352 MC dies entspricht einer Zeit von 11,6352ms. Durch das kontinuierliche Auslesen mit dieser Frequenz würde sich eine theoretische Bildwiederholrate von knapp 86 Hz ergeben. Dies würde jedoch die maximal zulässige Bildrate des Sensors überschreiten. Um dies zu verhindern wurde nach jedem Bild eine Pause von 50315 MC Taktzyklen eingefügt. Damit ergibt sich eine Bildwiederholrate von knapp 60 Hz.

5.2 Offset Korrektur

Jeder Pixel des Sensors ist mit einem, sich aus mehreren Komponenten zusammensetzenden Offset belegt. Dieser Offset kann von Pixel zu Pixel variieren und begründet sich durch Variationen im Fertigungsprozess, durch Temperatureinflüsse sowohl vom zu beobachtenden Target als auch durch die Chip Temperatur und durch die verwendete Optik. All diese Effekte zusammen ergeben einen, über den Messbereich verteilten Offset. Einige dieser Faktoren sind linear, einige nichtlinear. Um diese nun zu kompensieren werden folgende Maßnamen eingesetzt:

- Offset-Kalibrierung
- Chip-Temperatur-Offset Korrektur
- Target-Temperatur-Offset Korrektur (Gain Korrektur)

Da sich bereits geringfügige Änderungen in der Systemzusammenstellung gravierend auswirken können, ist bei der Kalibrierung darauf zu achten, dass die später verwendete Optik und auch die entsprechende HW verwendet werden.

5.2.1 Offset-Kalibrierung

Da alle Pixel des Sensors mit einem Offset belegt sind und diese zueinander unterschiedlich sein können, ist eine Kalibrierung des Sensors erforderlich. Die Kalibrierung erfolgt bezogen auf ein Referenz-Target mit einer Oberflächentemperatur von 30°C und einer Chiptemperatur von 20°C. Derart ermittelte Offsetwerte werden in einer 384x288 großen LUT[14], deren Werte aus 12Bit Vektoren bestehen, abgelegt und vom Messwert subtrahiert.

5.2.2 Chip-Temperatur-Offset Korrektur

Der Sensor besitzt einen Betriebstemperaturbereich von -40°C - 60°C. Die Chiptemperatur kann über das VTEMP Signal, welches nach jeder Zeile zusammen mit der Bildinformation übertragen wird, ausgelesen werden (VTEMP: 6,45mV/K).

Durch die Erwärmung des Sensors stellen sich Offsetwerte ein. Da die tatsächlichen Offsetwerte jedoch von der untenstehenden Kennlinie abweichen können, sind einige Referenzmessungen erforderlich. Zwar können die so ermittelten Werte von der untenstehenden Kennlinie abweichen, der Kennlinienverlauf bleibt jedoch linear. Folglich würden theoretisch zwei Messungen genügen um die Funktion nachzubilden. Um die Genauigkeit zu verbessern werden 4 bis 5 Stützstellen für die Kennlinie messtechnisch ermittelt. Die Kalibrierung erfolgt bezogen auf ein Referenztarget mit 30°C.

Anzumerken ist, dass die so ermittelten Werte um Speicher zu sparen näherungsweise für alle Pixel gleich angenommen werden können, es müssen somit nur 5 Offsetwerte für die entsprechenden Temperaturen gespeichert werden.

Auch die Temperaturoffsetwerte werden in einer LUT gespeichert. Anhand der gemessenen Sensortemperatur wird der für die Korrektur erforderliche Offsetwert ausgewählt.

5.2.3 Gain Korrektur

Der Messbereich des ULIS Sensors beträgt -20°C bis +80°C dies entspricht einer Analogspannung von 1,0V – 4,2V. Die Festlegung der Messbereichskennlinie kann jedoch erst mit dem Sensor erfolgen. Laut Hersteller ist die Messbereichskennlinie im Gegensatz zu anderen Sensoren, größtenteils linear. Ähnlich der Offset-Kalibrierung wird auch hier der Offset bezüglich eines Referenztargets mit genau bekannter Temperatur ermittelt. So können beliebig viele Kennlinienstützstellen ermittelt und anschließend in einer LUT abgelegt werden.

---

[14] LUT steht für Lookup-Table. Eine Lookup-Tabelle ist ein vom Zugriff her betrachtet Tabellen-förmiger Speicher.

Zu beachten ist, dass die Korrektur erst erfolgt wenn Kalibrierungs- und Chip-Temperatur Offset kompensiert wurden. Sobald dies erfolgt ist, können durch die entsprechenden Eingangsmesswerte die zugehörigen Ausgangsmesswerte ermittelt werden. Noch am Sensor durchzuführende Messungen werden zeigen ob diese Offsets pixelbezogen sein müssen oder für das gesamte FPA verwendet werden können.

5.3 Bildverbessernde Maßnamen

Im Folgenden werden zwei Maßnamen zur Bildverbesserung erläutert. Einerseits die Gain Regelstrecke und andererseits ein Algorithmus zur Kontrastverbesserung der größtenteils aus den Referenzen [9] bis [11] entnommen werden konnte.

5.3.1 Gain Regelstrecke

Eine Gain Regelung wird eingesetzt um Objekte, deren Wärmestrahlung sehr schwach ist (z.B.: eine verletzte Person), bestmöglich darzustellen oder bei extrem starken Strahlungsquellen die Intensität zu verringern.

Der Sensor besitzt die Möglichkeit die Verstärkung aktiv unter Nutzung des seriellen Konfigurations-Interfaces zu regeln. Auf Grund des sich bei MC 10MHz und einer Bildwiederholrate von 60Hz ergebenden Interframe space von 50315 MC Zyklen kann sichergestellt werden, dass der 53Bit Konfigurationsdatenvektor rechtzeitig vor dem Beginn der Ausgabe des nächsten Bildes an den Sensor übertragen werden kann. Folglich wirkt sich eine Änderung der Verstärkung bereits auf das nachfolgende Bild aus. Im Kapitel 4.3.2 wurden die vier möglichen Verstärkungsstufen bereits beschrieben.

Auf Grund der genannten Regelcharakteristik handelt es sich hierbei um einen rekursive implementierten Regler, weil nicht der aktuelle Datensatz (n) sondern der (n-1) Datensatz beeinflusst wird.

Um eine geringe Schwingneigung und eine bestimmte Trägheit zu erzielen, wird die Regelgröße aus dem arithmetischen Mittel über alle Pixelwerte der ROI (Reach Of Interest) ermittelt. Die ROI ist ein quadratischer Bildausschnitt im Zentrum des Sensorbildes. Der Einsatz dieser Maßnahme dient dazu, dass sich am Bildrand befindliche Ereignisse nicht direkt auf den Regler auswirken. Der angestrebte Lumineszenzwert[15] liegt genau in der Mitte der darstellbaren Graustufenwerte, bei einem 8 Bit Datenvektor beim Wert 128. Das Regelverhalten wird von einer definierten Hysterese bestimmt und erlaubt nur das Erhöhen bzw. Absenken des Gain Wertes um eine Gain Stufe pro Regelzyklus.

Die Anforderung an die Regelstrecke besteht in der Verstärkung bzw. Dämpfung des Signals in den Randbereichen und einer möglichst geringen Schwingneigungen.

5.3.2 Bildoptimierung

Bei bildverbessernden Maßnahmen ist auf die Diskrepanz zwischen physikalischer-Luminanz und wahrgenommener Helligkeit zu achten. Das Wahrnehmungsverhalten des Auges verhält sich bezogen auf die Lichtenergie logarithmisch. Deshalb genügt es nicht das maximale Kontrastverhältnis zu erzielen. Es ist erforderlich die Charakteristik der menschlichen Wahrnehmung und der Einflüsse des Wiedergabemediums (Display) zu berücksichtigen.

[15] Lumineszenz ist die optische Strahlung eines physikalischen Systems

5.3.2.1 Ansatz zur Bildoptimierung

Kontrastanhebung

Ziel war eine möglichst einfache und ressourcenschonende Lösung zu finden, um das bestmögliche Kontrastverhältnis eines Bildes zu erhalten. Dies wird in zwei Schritten bewerkstelligt. Wobei darauf zu achten ist, dass die noch nicht korrigierten defekten Pixel nicht in die Auswertung eingehen.

Um die Vorgehensweise zu veranschaulichen, wurde ein Bild mit besonders schlechtem Kontrast zu Optimierung herangezogen. Wie im zugehörigen Spektrum ersichtlich, ist das Spektrum sehr schmal. Um den Kontrast anzuheben ist es erforderlich das Spektrum über den gesamten Bereich aufzuspreizen.

Im ersten Schritt wird das aktuelle Bild auf seinen Minimal- und seinen Maximalwert durchsucht. Der so ermittelte Minimalwert wird nun als Offset vom Eingangsbild subtrahiert. Durch diese Subtraktion ergibt sich eine Verschiebung des Spektrums zum Minimalwert nach links.

Im zweiten Schritt wird dieser Offset vom ermittelten Maximalwert subtrahiert, wodurch sich der neue Maximalwert *Smax* des Spektrums ergibt.

$$S\max = \max - \min$$

Anhand dieses Maximalwertes wird der Faktor *K* ermittelt mit dem das multiplizierte Eingangsbild, den Maximalwert des Histogramms von 255 erreicht.

$$K = \frac{255}{S\max}$$

Wird nun das Eingangsbild mit dem entsprechenden ermittelten Faktor K multipliziert, so ergibt sich eine Spreizung des Histogrammes.

Graustufenanpassung

Um eine für das menschliche Auge optimierte Darstellung der Lumineszenzwerte zu ermöglichen, werden diese auf Basis der logarithmischen Transferfunktion in einen der menschlichen Wahrnehmung entsprechenden Spektralbereich überführt.

5.3.2.2 Implementierung [12]

Die Division durch 255 wird von einem mit dem Xilinx Core Generator erstellten 12 x 20 Bit Dividierer durchgeführt. Dieser wird mit dem 50MHz Takt betrieben, um die Berechnung zu beschleunigen.

Der Wert 255 wird um 12 Bit nach links geschoben, was zur Erhöhung der Genauigkeit dient und wodurch bei der Spreizung des Spektrums der Wert 255 erreicht werden kann.

Diese gesamte Operation wird in der Zeit zwischen zwei Bildern durchgeführt. Der so erhaltene 20 Bit Ergebnisvektor wird anschließend mit den Lumineszenzwerten des Nachfolgebildes multipliziert. Die obersten 8 Bit des so entstandenen 32 Bit Vektors stellen das Ergebnis nach der Spreizung des Spektrums dar.

Die Transferfunktion kann, nachdem die Werte in MATLAB ermittelt und in VHDL portiert in einer LUT abgelegt wurden, direkt ohne weiteren Zwischenschritt auf das bereits ermittelte Zwischenergebnis angewendet werden.

Mögliche Optimierung

Durch das Ersetzen des mit dem Core Generator erstellten Dividierers, könnten bei geschickter Implementierung noch Zeit und HW Ressourcen eingespart werden.

6 Erreichte Ziele

Für die Systemrealisierung würde ein Prototypenaufbau bestehend aus dem Frontend und dem Xilinx Testboard verwendet.

6.1 KITE Interface

Mit der Realisierung des KITE Interface konnten die sehr verrauschten Messdaten eines über 10 Jahre alten pyroelektrischen Sensors so optimiert werden, dass untenstehende Aufnahmen erstellt werden konnten.

6.2 Sensor Emulator

Mit dem Emulator gelang es mangels Verfügbarkeit des eigentlichen Sensors eine Testumgebung für das gesamte System zur Verfügung zu stellen, welche in der Lage ist den Sensor mit seinen wichtigsten Charakteristika zu simulieren.

Dies ermöglichte die Erstellung und den Test der meisten Systemmodule der Kamera.

6.3 Bildverbessernde Maßnahmen

Da nicht alle regelungstechnischen Eigenschaften des Sensors aus dem Sensordatenblatt hervorgehen, wurden in diesem Bereich sehr viele Annahmen über die Eigenschaften des Sensors getroffen. Dennoch konnte auf Basis dieser Systemparameter eine stabile Gain Regelstrecke und ein Algorithmus zur Kontrastanhebung in MATLAB erstellt und in VHDL implementiert werden.

6.4 Resumé

Das Systemkonzept konnte mit einigen Herausforderungen hinsichtlich Improvisation, was die Verfügbarkeit des Sensors, und die Performance der genutzten Entwicklungs- HW betrifft, vollständig umgesetzt werden. Die so entstandene IR Kamer kommt gänzlich ohne externen Speicher aus und die Bildwiederholrate ist in einem Bereich von 9 Hz bis 60Hz nahezu stufenlos einstellbar. Weiters besteht die Möglichkeit durch den modularen Aufbau des Systems, Module schnell und einfach durch das ersetzten von VHD Files auszutauschen. Das System lässt sich nach Erhalt des ULIS Sensors für nicht brandtechnische Anwendungen ohne Shutter, nur unter zu Hilfename der Blind Bolometer- und der Chip Temperatur- Werte betreiben.

Literatur- und Quellenverzeichnis

[1] E. L. Dereniak; G. D. Boreman (1996): Infrared Detectors and Systems, Wiley Series in Pure and Applied Optics

[2] L3 Communications (2006): Thermal-Eye™ 3xxxAS Camera Core Integration Guide Rev A, Part # 7070072

[3] FLUKE (2007): TiR1 Thermal Imagers User Manual

[4] www.chemgapedia.de (24.05.2009): Pyroelektrische Detektoren

[5] www.emeraldinsight.com (02.04.2009): Microbolometer From bolometers to beetles: the development of thermal imaging sensors

[6] www.eosd.com.au (02.04.2009): Microbolometer Array

[7] ULIS (2009): UL 03 16 2 384x288 UNCOOLED MICROBOLOMETER Datasheet

[8] DIAS (2001): KITE Datasheet

[9] Rafael C. Gonzalez; Richard E. Woods (1993): Digital Image Processing

[10] Hartmut Schröder; Holger Blume (2000): Mehrdimensionale Signalverarbeitung, Bd.2, Architekturen und Anwendungen für Bilder und Bildsequenzen

[11] Hartmut Schröder; Holger Blume (2000): Mehrdimensionale Signalverarbeitung, Bd.1, Algorithmische Grundlagen für Bilder und Bildsequenzen

[12] Michael John Sebastian Smith (1997): Application-Specific Integrated Circuits

[13] Helmut Budzier; Gerald Gerlach (2011): Thermische Infrarot-Sensoren für die Thermografie – Stand und Tendenzen. ISSN 1864-6972

Abbildungsverzeichnis

Tabellenverzeichnis

Abkürzungsverzeichnis

CLB	Configurable Logic Blocks
DSP	Digital Signal Processor
FIR	Far Infra-Read
FPA	Focal Plane Array
FPGA	Field Programmable Gate Array
FSM	Finite State Machine
HF	High Frequency
HW	HardWare
INT	INtegration Time
IR	Infra-Read
LUT	Look Up Table
LWIR	Long Wave Infra Red
MC	Master Clock
MWIR	Middle Wave Infra Red
NETD	Noise Equivalent Temperature Difference
NIR	Near Infra Red
OSD	On Screen Display
RAM	Random Access Memory
ROI	Reach Of Interest
SW	SoftWare
SWIR	Short Wave Infra Red
VHDL	**V**ery **H**igh Speed Integrated Circuit Hardware **D**escription **L**anguage